BEI GRIN MACHT SICH IHR WISSEN BEZAHLT

- Wir veröffentlichen Ihre Hausarbeit,
  Bachelor- und Masterarbeit

- Ihr eigenes eBook und Buch -
  weltweit in allen wichtigen Shops

- Verdienen Sie an jedem Verkauf

Jetzt bei www.GRIN.com hochladen
und kostenlos publizieren

Bibliografische Information der Deutschen Nationalbibliothek:

Die Deutsche Bibliothek verzeichnet diese Publikation in der Deutschen National-
bibliografie; detaillierte bibliografische Daten sind im Internet über http://dnb.d-
nb.de/ abrufbar.

Impressum:

Copyright © 2008 GRIN Verlag, Open Publishing GmbH
Druck und Bindung: Books on Demand GmbH, Norderstedt Germany
ISBN: 9783640493029

Jana Kirchhübel

Bodenklassifikationen und ihre Systematisierungskriterien

Wie kommt der Boden zu seiner Bezeichnung?

GRIN Verlag

Friedrich-Schiller-Universität Jena   SoSe 2007

Institut für Geographie

Abteilung Physische Geographie

HS: Die Ökozonen der Erde

Bodenklassifikationen und ihre Systematisierungskriterien
– Wie kommt der Boden zu seiner Bezeichnung? –

Seminararbeit

vorgelegt von:

Jana Kirchhübel

Studiengang: Germanistik/Geographie (LA Gym)

Semester: 7/7

Abgabedatum: 11.01.2008

Inhalt

Abbildungen   **III**

1   **Einleitung** ___________________________________ **1**

2   **Nationale Klassifikationssysteme** _________________ **2**

     2.1   Die deutsche Systematik   2

     2.2   Die U.S.-amerikanische Systematik   3

     2.3   Probleme nationaler Klassifikationen   4

3   **Internationale Klassifikationssysteme** ____________ **6**

     3.1   Die Weltbodenkarte der FAO   6

     3.2   World Reference Base for Soil Resources   6

4   **Systematisierungskriterien für Bodenklassifikationen** ___________ **8**

5   **Zusammenfassung** _______________________________ **10**

Literatur   **11**

Anhang:

Bodenklassifikationssystem Japans   **12**

Abbildungen

Abb. 1: Humuspodsol _______________________________________ 1

Abb. 2: Schema des deutschen Klassifikationssystems _______________ 2

Abb. 3: Schema der U.S. Soil Taxonomy _____________________ 4

Abb. 4: Bodenkarte der FAO _______________________________ 7

1   Einleitung

Bei der Betrachtung des abgebildeten Bodenprofils (**Abb.1**) kommen den Bodenkundlern dieser Erde verschiedene Begrifflichkeiten in den Sinn: So handelt es sich für einen Amerikaner um einen *Humod* aus der Ordnung der *Spodosols* (SCHACHTSCHABEL ET AL. 2002:483); für einen Deutschen um einen *Humus-PP* (PP = Podsol) aus der Abteilung der Terrestrischen Böden (EBD.:481) und ein japanischer Forscher würde wahrscheinlich die Bezeichnung 湿性腐植型ポドソル[1] wählen ((独)森林総合研究所 2006). Neben den genannten nationalen Bodenbezeichnungen existieren noch viele weitere: eine Russische, Niederländische, Französische oder Kanadische – um nur einige wenige Beispielstaaten zu nennen (BAKKER DE 1970; HILLEL ET AL. 2005:211ff.). Zudem wurden in der zweiten Hälfte des 20. Jh. mit der Erstellung Weltbodenkarte auch zunehmend internationale Begriffe eingeführt. Daher wäre es ebenso möglich, den dargestellten Boden als einen *Humic P* (P= Podzol) zu bestimmen (SCHACHTSCHABEL ET AL. 2002:485).

Hinter den vielseitigen Bezeichnungen sind komplexe Systematiken über Einteilung und Entstehung von Böden verborgen, die sich von Nation zu Nation unterscheiden. Diese sogenannten Bodenklassifikationssysteme verstehen sich – im Sinne der Definition von Klassifikationen – als „organized bod[ies] of knowledge about something of interest." (HILLEL ET AL 2005:204) .

In der folgenden Arbeit soll es nun darum gehen, die unterschiedlichen Systematiken vorzustellen, wobei deren Arbeitsweisen und Systematisierungskriterien jeweils von besonderer Bedeutung sind. Allgemein gilt es, Prinzipien herauszuarbeiten, die allen Klassifikationen zugrunde liegen und die Basis für eine Vergleichbarkeit bilden. Zu Beginn ist es jedoch notwendig, einzelne nationale und auch die wesentlichsten internationalen Systematiken in kurzer Form zu charakterisieren.

Abb. 1: Humuspodsol; Quelle:
http://www.markinfo.slu.se/sve/mark/jman/bilder/humpod5m.jpg

湿性腐植型ポドソル = [shissei fushoku gata podosoru] = Humuspodsol

2.1   Die deutsche Systematik

Nachdem die deutschen Bodensystematik noch vor mehr als 100 Jahren auf einer Einteilung in Vegetationsboden-, Gesteinsboden- und Reliefbodentypen basierte (SCHACHTSCHABEL ET AL. 2002:480) und vor allem aufgrund des Klimas und der daraus resultierenden Vegetation eine Gliederung erschaffen wurde, so wird sie heute durch das Profil, die Horizontfolge der Böden, charakterisiert (EBD.). Einen ersten Entwurf dazu lieferte *W. L. Kubiena*, in dem die Bodengenese in den Mittelpunkt der Systematisierung gestellt wurde (EBD.:479) und welcher bald durch Ergänzungen des bekannten deutschen Bodenkundlers *E. Mückenhausen* erweitert und verbessert wurde (EBD.).

Die deutsche Klassifikation ist – wie in **Abb. 2** ersichtlich – hierarchisch geordnet und gliedert sich ausgehend von einer Grobeinteilung in *Abteilungen* wie Terrestrische, Semiterrestrische, Semisubhydrische oder Subhydrische Böden in *Bodenklassen* (z.B.: Terrestrische Rohböden, Braunerden, Podsole, etc.). Diese wiederum lassen eine Aufspaltung in *Bodentypen* zu: Am Beispiel der A/C-Böden wären das u.a. Ranker, Regosol oder Rendzina. Bei diesen können im Folgenden erneut *Subtypen*, *Varietäten*, sogar *Subvarietäten* unterschieden werden (ebd.:480f.).

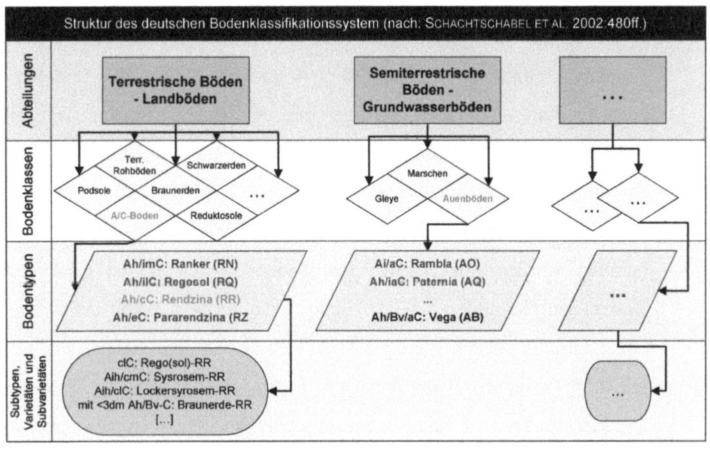

Abb. 2: Schema des deutschen Klassifikationssystems
Quelle: Eigene Darstellung, Jana Kirchhübel.

Diesem deutschen System liegt eine Ordnung nach Bodenhorizonten, deren Mächtigkeiten und Ausprägungen sowie anderen (größtenteils) eindeutigen Bodenmerkmalen zugrunde. Diese Merkmale können sowohl die Genese des Bodens als auch diagnostische Materialien und Eigenschaften – wie u.a. die Farbe oder das Ausgangsmaterial – betreffen (SCHACHTSCHABEL ET AL. 2002:473).

2.2 Die U.S.-amerikanische Systematik

Die Klassifikation der USA arbeitet grundsätzlich auf einer annähernd ähnlichen Basis, welche in der ersten Hälfte des 20. Jh. dem der des deutschen Systems noch beinahe identisch war (SCHACHTSCHABEL ET AL. 2002:482). Mit der Erstellung der *Soil Taxonomy* in den 1950er und 60er Jahren (HILLEL ET AL. 2005:217) wurde ein von Grund auf neues System geschaffen, bei welchem nach wie vor – wie im deutschen System – pedogene Eigenschaften im Vordergrund stehen. Dazu werden jedoch diagnostischer Horizonte hinzugezogen, die einen quantitativ festgelegten Charakter aufweisen (EBD.). Es soll eine Zuordnung auf der Grundlage von echten Eigenschaften vorgenommen werden – nicht aufgrund von nur zum Teil wissenschaftlich belegten Ursachen, die gewisse Eigenschaften hervorgerufen haben könnten (EBD.:236). Dennoch spielen Bodenbildungsprozesse sowie der Einfluss regionaler, klimatischer Aspekte eine wesentliche Rolle (EBD.). Letzterer vor allem, da er sich sowohl auf den mineralischen als auch auf den organischen Bodenbestand auswirkt (EBD.:240)

Auch das Gliederungsprinzip erfolgt nach einem eigenen neuen System: Die bisherigen Bodenbezeichnungen wurden redigiert und auf griechische und lateinische Formen zurückgeführt – gleiches geschah mit den Bezeichnungen für Eigenschaften und diagnostische Materialien (SCHACHTSCHABEL ET AL. 2002.:479). Das hierarchische System, was schließlich ausgebildet wurde (**Abb.3**), ordnete den Orders bestimmt Buchstabenkombinationen zu, aus denen schließlich die Suborders einer jeden Gruppe gebildet wurden: Im Beispiel der Spodosols (Order) ist diese ‚od', sodass eine Bodenform (Suborder) Cryod, Humod oder Orthod lauten muss. Die nachfolgenden Great Groups werden nach gleichem Prinzip aus Buchstaben der Suborders gebildet. Die Soil Taxonomy findet nicht nur in den USA Anwendung, sondern auch in vielen anderen Staaten, die kein eigenes System erstellt haben. Der Grund dafür mag die Möglichkeit sein, neue Bodentypen relativ einfach einordnen zu können (EBD.:484).

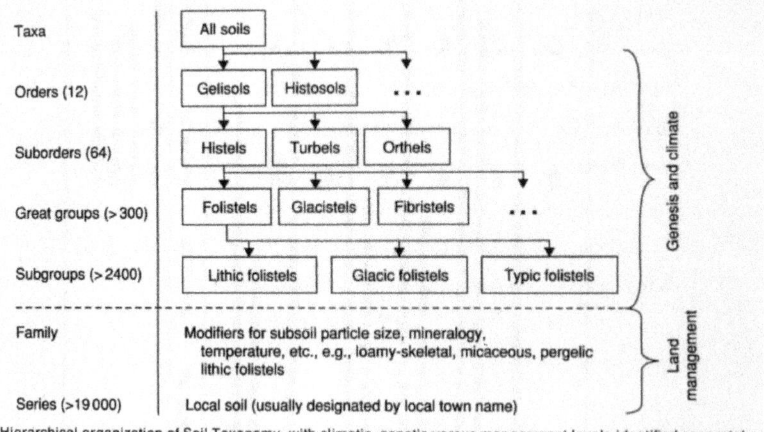

Abb. 3: Schema der U.S. Soil Taxonomy; Quelle: HILLEL ET AL. 2005:241.

2.3 Probleme nationaler Klassifikationen

Nationale Klassifikationen sind auf die Bodenvorkommen und Standortbedingungen des eigenen Landes abgestimmt, denn sie wurden aus diesen entwickelt. Daher dienen sie vorrangig den Bodenkundlern des jeweiligen Staates zur genetischen Bodenforschung und der staatsinternen Bodenkartierung (SCHACHTSCHABEL ET AL. 2002:474). Sie bieten in diesem Rahmen eine sehr geeignete Grundlage für die Erforschung von standortspezifischem Bodenverhalten und der Bodenentwicklung. PHILLIPS & MARION (2007) weisen in einer Gegenüberstellung jener herkömmlichen nationalen Systematiken mit der *SGC (Soil Geomorphic Classification)* darauf hin, dass die Einteilung der Bodentypen häufig auf subjektiver bzw. willkürlicher Basis stattgefunden hat (EBD.:8(96)). Als eines dieser Systeme betrachteten sie im Besonderen die U.S. Soil Taxonomy. Die SGC hingegen nahm eine Einteilung anhand sechs definitiver Faktoren vor: „(1) underlying geology [...] the presence or absence of (2) texture contrast subsoils, (3) eluvial horizons, (4) surface and/or subsurface stone lines or zones, (5) lithological contrasts between soil and underlying geology, and (6) redoximorphic features" (EBD.:1(89)). Von diesen zuverlässigen Faktoren erhofften sie sich, eine präzisere Systematik erstellen zu können. Die Ergebnisse der Untersuchung hingegen zeigten, dass sich trotz der unterschiedlichen Herangehensweise kaum Unterschiede ausmachen lassen und die erstellten Klassifikationen ähnliches widerspiegeln (EBD.: 6(94), 8(96)).

Jedoch zeigen sie auch die Grenzen dieser Systeme auf: im internationalen Rahmen sind kaum Vergleiche möglich, da die Systeme zum einen mit unterschiedlichen Begrifflichkeiten arbeiten, die nur in teilweise mit anderen Klassifikationen übereinstimmen. Zum anderen unterscheiden sie sich bereits im Aufbau so stark, dass neue Böden zum Teil nur sehr schwer eindeutig eingeordnet werden können.

In diesem Sinne erscheint es notwendig, weltweite Systeme zu rate zu ziehen, die eine Einordnung von Böden international erlauben und doch auf einem abstrakteren Niveau arbeiten als es den nationalen Systemen möglich ist.

3 INTERNATIONALE KLASSIFIKATIONSSYSTEME

3.1 Die Weltbodenkarte der FAO

Im Oktober 1945 wurde mit der Gründung der FAO (Food and Agricultural Organization) in Quebec ein wichtiger Schritt zur weiteren Erforschung der Böden der Erde getan (KELLOGG 1974:9 (355)). Gemeinsam mit der UNESCO strebte die FAO in der zweiten Hälfte des 20. Jh. an, eine erste internationale Einigung auf ein Bodenklassifikationssystem zu erzielen (HILLEL ET AL. 2005:216f.). Dies gelang im Zuge der Erschaffung einer Weltbodenkarte (*Soil Map of the World*), die in einer Zeit von 20 Jahren bis zum Jahre 1981 endgültig fertiggestellt wurde, und einer bereits 1974 veröffentlichten, dazugehörigen Legende (EBD.).

Dazu wurde eine Liste von 26 Bodengruppen (Great Soil Groups) erarbeitet, die in jeweils in weitere 106 Untergruppen (Soil Units) untergliedert werden können (EBD.:217). Die Bezeichnungen der Bodeneinheiten wurden aus verschiedenen Sprachen entlehnt, ihre Untergruppen lehnte man jedoch vorrangig an die auch in der Soil Taxonomy verwendeten „diagnostischen Horizonte[…] und Eigenschaften" (SCHACHTSCHABEL ET AL 2002:484) an. Dabei können verschiedene Hauptuntergliederungsmerkmale vorangestellt und weitere Spezialisierungen (drei Körnungs- und drei Hangneigungsklassen sowie 12 Phasen der Landnutzungsbeeinträchtigung) der Bodenbezeichnung nachgeordnet werden (EBD.; HILLEL ET AL 2005:217). Klimatische Einordnungen spielen jedoch keine Rolle mehr. Wenn der in **Abb.1** veranschaulichte Humuspodsolboden zudem einen ausgeprägten Ortsteinhorizont aufweisen würde, so sollte er nach diesem System als Humic P, l. g, with carbic phases bezeichnet werden (SCHACHTSCHABEL ET AL 2002:486).

Im Laufe der Jahre wurden mehrere Änderungen an der Legende vorgenommen. So entstand die *Revised Legend of the Soil Map of the World* im Jahre 1990 und schließlich in Gemeinschaftsarbeit mit der ISSS (International Society of Soil Science) die *World Reference Base for Soil Resources* (HILLEL ET AL. 2005:216).

3.2 World Reference Base for Soil Resources

Einen Carbic-PZ (Podzol) hätte man vorliegen, wenn man **Abb.1** mit den oben genannten Merkmalen nach der *World Reference Base for Soil Resources* (WRB) klassifiziert hätte (SCHACHTSCHABEL ET AL. 2002:486). Denn dieses im Jahre 1998 erschaffene Referenzsystem gestaltet sich als eine Anlehnung sowie Weiterentwicklung der Weltbodenkarte. In ihr werden „Definitionen von Bodenhorizonten, Bodeneigenschaften und Bodenmaterialien [...] sowie Klassifikationsmöglichkeiten" (EBD.:485) erfasst, um den vielseitigen nationalen Systemen die Möglichkeit einer gegenseitigen Angleichung zu bieten (EBD.). Dabei soll die WRB gleichzeitig für unterschiedliche Anwendergruppen dienlich sein: einem eher laienhaften Nutzer, dem die großen Bodenklassen stets ersichtlich sein sollen sowie einem professionellen Bodenkundler, der in dieser Systematik eine Grundlage für eine weltweite Kommunikation über Böden finden soll, die sonst nur in nationalen Klassifikationen eingehender beschrieben wurden und somit in internationale, vergleichende Betrachtungen nur schwer Eingang finden konnten (HILLEL ET AL 2005:220).

In einer Legende wurden dafür 30 Bodeneinheiten, die sich wiederum in bis zu jeweils 25 Untereinheiten und weiteren teils vor- bzw. nachgestellten Merkmalsbezeichnungen untergliedern lassen, zusammengestellt (SCHACHTSCHABEL ET AL 2002:485.). Durch diese tiefgreifende Möglichkeit der Untergliederung wird es möglich, auch die Ebenen der nationalen Bodenvarietäten und -subvarietäten erfassen zu können (EBD.).

Auch im Rahmen der WRB wurde eine Weltbodenkarte erarbeitet, wie sie anhand Abb. 4 zu sehen ist.

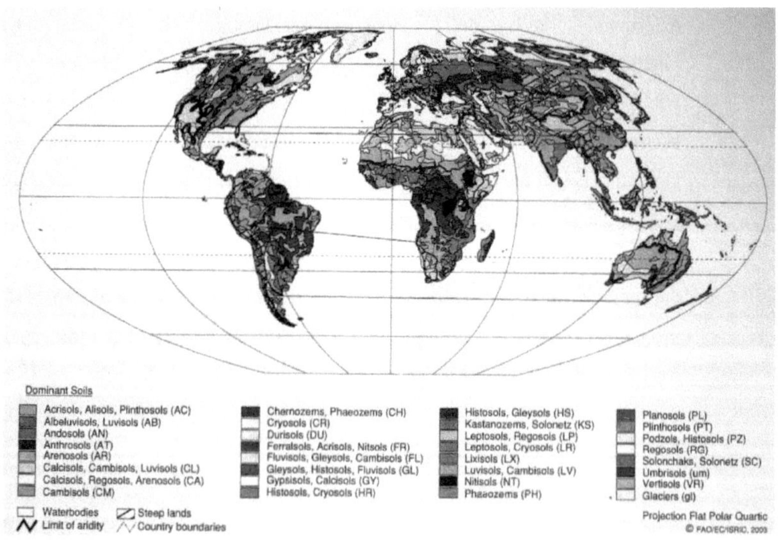

Abb. 4: Bodenkarte der FAO; Quelle: HILLEL ET AL. 205:221

4   SYSTEMATISIERUNGSKRITERIEN FÜR BODENKLASSIFIKATIONEN

Wie in der Einleitung definiert, handelt es sich bei den Bodensystematiken um Klassifikationen im Sinne einer wohlüberlegten Gliederung eines Sachverhaltes. Dieser wiederum ist beeinflusst durch äußere Faktoren und wird durch diese definiert. In Bezug auf den Boden lassen sich Abhängigkeiten zu verschiedenen anderen Geofaktoren und -sphären erkennen: Die Pedosphäre steht im Einfluss von Lithosphäre, Hydrosphäre, Biosphäre sowie Atmosphäre (HILLEL ET AL 2005:205). Alle diese Bereiche wirken auf den Boden ein und bilden in ihm charakteristische Merkmale aus. Auch der Mensch kann heute als einflussreicher Faktor betrachtet werden, der sich nachhaltig auf die Bodenbildung und -entwicklung auswirkt und bereits auswirkte.

Die unterschiedlichen Klassifikationssysteme zeigen jedoch unterschiedliche Bereiche auf, die sie für ihre Systematik als relevant erachten. So bezieht die *Soil Taxonomy* der USA den Klimafaktor wesentlich in ihre Überlegungen ein, wohingegen die WRB ein System unabhängig dieses Faktors ermittelt hat. Auch die *Soil Geomorphic Classification* (SGC), die 2007 von PHILLIPS & MARION eingehender betrachtet wurde, geht nicht mehr auf den Faktor des Klimas ein, sondern nur noch auf morphologische und genetische Faktoren. Jedoch wurden schließlich im Vergleich zur *Soil Taxonomy* keine ausnehmenden Unterschiede und somit auch kein wesentlicher Vorteil der einen gegenüber der anderen Klassifizierung festgestellt. Schließlich stellt sich aber die Frage, nach welchen Kriterien nun zu gliedern ist und welche bei einer Systematisierung außen vor gelassen werden sollten?

ARNOLD (2005) erarbeitete acht Prinzipien, die bei der Erstellung von Bodensystematiken bedacht werden sollten:

Dabei betreffen die ersten drei, die er als ,Principle of Purpose', ,Principle of Domain' und ,Principle of Identity' bezeichnet, vor allem die Begründung sowie die allgemeinen Grundprinzip des Systems (ARNOLD 2005:205). Mit dem ersten Prinzip wird der Zweck definiert, dem eine Bodenklassifikation genügen soll. In erster Linie ist dies an den Aspekt geknüpft, der Natur eine gewisse Struktur und Ordnung zu verleihen (EBD.). Diese dient unter anderem einer effizienteren Nutzung von (Boden-)Ressourcen, dem Schutz der derselben für eine zukünftige landwirtschaftliche oder forstwirtschaftliche Nutzung sowie der Gewährleistung, dass Lebensräume für Tiere und Pflanzen erhalten bleiben (KELLOGG 1974:14 (360)). Mit der Bestimmung der Domain wird jener

Forschungsgegenstand benannt, der in der Systematik aufgegliedert werden soll. Im Falle der Bodenklassifikationen ist dies natürlich stets der Boden selbst, der aber zunächst im Sinne des ‚Principle of Identity' eingehend definiert werden muss, da unterschiedliche Auffassungen und Definitionen von Boden existieren und zunächst herausgestellt werden sollte, welche Eigenschaften einen Boden im Sinne dieser vorliegenden Klassifizierung ausmachen und welche für die Systematik von nur geringerer Bedeutsamkeit sind oder sogar ausgegrenzt werden (ARNOLD 2005:207). Hierbei lassen sich die Hauptunterschiede der unterschiedlichen Bodenklassifikationen ausmachen.

Die ersten drei Prinzipien bilden somit die unverzichtbare Grundlage, auf der die Systematiken aufbauen, sodass ohne deren genaue Bestimmung die Zweckmäßigkeit und Richtigkeit jeder Klassifikation in Frage zu stellen ist.

Vier weitere Kriterien nennt ARNOLD (2005) für die klassifikationsinterne Ordnung, die Anordnung der Informationen: Das Prinzip der ‚Differentiation', ‚Prioritization', ‚Diagnostics' sowie des ‚Memberships' (EBD.:206ff.). Dabei wird für den definierten Forschungsgegenstand nun in eine Grundstruktur erdacht und „categories and classes within categories" (EBD:204) erschaffen. Diese Klassen werden im Folgenden sortiert und auch für diese bestimmte Festlegungen, d.h. feste Grenzwerte, geschaffen, wann Böden in die eine und wann in eine andere Klasse einzugliedern sind. So ergibt sich ein System, das eine Eindeutige Zuordnung erlaubt. Dabei geht er jedoch davon aus, dass zunächst unabhängig von den real vorkommenden Böden die Systematik erschaffen wird – diese muss so weitreichend aufschlüsselbar sein, dass alle in der Natur wirklich vorkommenden Böden schließlich eine eindeutige Zuordnung finde können.

Zum Schluss fügt er diesen Kriterien noch ein Achtes hinzu, das die Tendenzen der Bodensystematik für die Zukunft bemessen soll und mit welchem er zu verstehen gibt, dass die Systeme, die heute ausgearbeitet sind, keineswegs die endgültigen sein werden. Denn das Wissen, worauf sie basieren, ist noch in den Grundzügen und wird in den kommenden Jahren und Jahrzehnten durchaus noch vertieft werden (ARNOLD 2005:210).

Zudem wandelt sich im Laufe der Zeit auch die Grundlage der Systeme – die Böden selbst. – sodass auch die Klassifikationssysteme einem Wandel der Zeit unterliegen.

ZUSAMMENFASSUNG

Die zu Beginn der Arbeit aufgezählten Bodenbezeichnungen spiegeln die unterschiedlichen nationalen Bodenklassifikationen wieder. Zunächst schien es so, dass die verschiedenen Nationen lediglich unterschiedliche Begriffe für Bodenformen und -typen eingeführt haben. Dies gilt natürlich im Besonderen für jene Böden, die vorherrschend im eigenen Staatsgebiet zu finden sind und durch internationale oder Systematiken anderer Nationen nicht hinreichend deklariert werden. Jedoch stellt sich diese Annahme als ungenau heraus: Nicht nur die Begrifflichkeiten der Systematiken unterscheiden sich, sondern sowohl der Aufbau als auch die Arbeitsweise, sodass echte Vergleiche sehr schwer anzustellen sind und auch die Bodenbezeichnungen nur bis zu einem gewissen Grade dasselbe bezeichnen.

Die Klassifikationen basieren auf unterschiedlichen Daten: So wurden für das deutsche System pedogenetische Faktoren und charakteristische Merkmale wie Bodenfarbe oder das Ausgangsmaterial herangezogen; für das amerikanische System jedoch auch klimatische Faktoren und sogenannte diagnostische Horizonte und Bodeneigenschaften. Für die Erschaffung von Bodenklassifikationen gilt es stets einen Rahmen festzulegen, welcher den Nutzen und ebenso den angestrebten Nutzer genau im Blick hat und für diese eine geeignete Gliederung ausgearbeitet wird. Dabei ist jedoch zu bedenken, ob tatsächlich eine im Vorhinein erschaffene Klassifikation die vorhandenen Böden bestimmen sollte oder vielmehr das vorhandene Material die entstehende Systematik. Gegenteilige Meinungen existieren dafür in der Forschung. Im Gegensatz zur bereits beschriebenen Auffassung ARNOLDS (2005) stellte BAKKER DE (1970) Folgendes zur Diskussion: „A system must be adapted to that which actually exists. This could also be expressed as: a system must be just as much attuned to the aim for which it is made, as for the area for which it is intended" (BAKKER DE 1970:8(202)).
Diese beiden Auffassungen kennzeichnen noch einmal den grundsätzlichen Konflikt, der bei der Klassifizierung in der heutigen Forschung auftritt und für den erst die Zukunft zeigen wird, welche Methode die effizientere sein möge.

Literatur

ARNOLD, R. W. (2005): Classification of Soils. In: HILLEL, D., HATFIELD, J. L., POWLSON D. S., ROSENZWEIG C., SCOW K. M., SINGER M. J. & D. S. SPARKS (2005): Encyclopedia of soils in the environment. Amsterdam: Elsevier Academic Press.

BAKKER DE, H. (1970): Purposes of soil classification. Geoderma, Volume 4 < http://www.science-direct.com/science?_ob=MImg&_imagekey=B6V67-48B0MHT-42-1&_cdi=5807&_user=2138235&_orig=search&_coverDate=09%2F30%2F1970&_sk=999959996&view=c&wchp=dGLbVlz-zSkWz&md5=1ab038468bc4300fa834de7b8ba9e53b&ie=/sdarticle.pdf> (Zugriff: 2007-10-15).

HILLEL, D., HATFIELD, J. L., POWLSON D. S., ROSENZWEIG C., SCOW K. M., SINGER M. J. & D. S. SPARKS (2005): Encyclopedia of soils in the environment. Amsterdam: Elsevier Academic Press.

KELLOGG, C. E. (1974): Soil genesis, classification, and cartography: 1924-1974. Geoderma. Volume 12 <http://www.science-direct.com/science?_ob=MImg&_imagekey=B6V67-48B0MB8-28-1&_cdi=5807&_user=2138235&_orig=search&_coverDate=12%2F31%2F1974&_sk=999879995&view=c&wchp=dGLbVlz-zSkWz&md5=72ad1087c3a345be4df5bc19f682f63b&ie=/sdarticle.pdf> (Zugriff: 2007-10-15).

PATON, T. R. & G. S. HUMPHREYS (2007a): Review. A critical evaluation of the zonalistic foundation of soil science in the United States. Part II: The pragmatism of Charles Kellogg. Geoderma. Volume 139 <http://www.science-direct.com/science?_ob=MImg&_imagekey=B6V67-4N7RDDR-1-1&_cdi=5807&_user=2138235&_orig=search&_coverDate=05%2F15%2F2007&_sk=998609996&view=c&wchp=dGLbVtb-zSkWb&md5=17b4402844f07a827210e7695782bc7b&ie=/sdarticle.pdf> (Zugriff: 2007-10-15).

PHILLIPS, J. D. & D. A. MARION (2007): Soil geomorphic classification, soil taxonomy, and effects on soil richness assessments. Geoderma. Volume 141 < http://www.science-direct.com/science?_ob=MImg&_imagekey=B6V67-4P47V6V-1-6&_cdi=5807&_user=2138235&_orig=search&_coverDate=09%2F15%2F2007&_sk=998589998&view=c&wchp=dGLbVzz-zSkzS&md5=117ec77227952a03cb97dcbdbe3f5d98&ie=/sdarticle.pdf> (Zugriff: 2007-10-15).

SCHACHTSCHABEL, P., BLUME, H.-P., BRÜMMER, G., HARTGE, K.H., & U. SCHWERTMANN (2002[15]): Scheffer/Schachtschabel - Lehrbuch der Bodenkunde. Stuttgart: Enke.

SCHELLING, J. (1969): Soil genesis, soil classification and soil survey. Geoderma. Volume 4 < http://www.science-direct.com/science?_ob=MImg&_imagekey=B6V67-48B0MHT-41-

1&_cdi=5807&_user=2138235&_orig=search&_coverDate=09%2F30%2F1970&_
sk=999959996&view=c&wchp=dGLbVlz-
zSkWz&md5=bc270eaf344f261853a96e6971f8f309&ie=/sdarticle.pdf>
(Zugriff:2007-10-15).

(独)森林総合研究所 (Forestry and Forest Products Research Institute (FFPRI) (2006):
林野土壌分類1975 [Bodenklassifikationssystem].
<http://ss.ffpri.affrc.go.jp/labs/fsinvent/soiltype.html> (Zugriff:2008-01-02).

YOST, R. S. & R. L. FOX (1983): Partitioning variation in chemical properties of some
andepts – A comparison of classification systems. Geoderma. Volume 29 <
http://www.science-direct.com/science?_ob=MImg&_imagekey=B6V67-48BCPJ2-
6F-
1&_cdi=5807&_user=2138235&_orig=search&_coverDate=01%2F31%2F1983&_
sk=999709998&view=c&wchp=dGLzVzz-
zSkzk&md5=e94e716ebbad049fe500131b1f2427c0&ie=/sdarticle.pdf>   (Zugriff:
2007-10-15).

林野土壌分類1975　　（林業試験場土じょう部　1976）林業試験場研究報告 280:1-28

土壌群	土壌亜群	土壌型	亜型	細分例
ポドソル P	乾性ポドソル PD	PDI, PDII, PDIII		
	湿性鉄型ポドソル PW(i)	P W(i)I, P W(i)II, P W(i)III		
	湿性腐植型ポドソル P W(h)	P W(h)I, P W(h)II, P W(h)III		
褐色森林土 B	褐色森林土 B	BA, BB, BC, BD, BE, BF	BD(d)	
	暗色系褐色森林土 dB	d BD, d BE	d BD(d)	
	赤色系褐色森林土 rB	rBA, r BB, r BC, r BD	r BD(d)	
	黄色系褐色森林土 yB	yBA, y BB, y BC, y BD, y BE	y BD(d)	
	表層グライ化褐色森林土 gB	g BB, g BC, g BD, g BE	g BD(d)	
赤・黄色土 RY	赤色土 R	RA, RB, RC, RD	RD(d)	
	黄色土 Y	YA, YB, YC, YD, YE	YD(d)	
	表層グライ系赤・黄色土 gRY	gRY I, gRY II , gRYbI, gRY bII		
黒色土 Bl	黒色土 Bl	BlB, BlC, BlD, BlE, BlF	Bl D(d)	BlD-m, BlE-m
	淡黒色土 1Bl	1BlB, 1BlC, 1BlD, 1BlE, 1BlF	1Bl D(d)	1BlD-m, 1BlE-m
暗赤色土 DR	塩基系暗赤色土 eDR	eDRA, eDRB, eDRC, eDRD, eDRE	eDR D(d)	eDR D(d)-ca eDR D(d)-mg
	非塩基系暗赤色土 dDR	dDRA, dDRB, dDRC, dDRD, dDRE	dDR D(d)	
	火山系暗赤色土 vDR	vDRA, vDRB, vDRC, vDRD, vDRE	vDR D(d)	
グライ G	グライ G	G		
	偽似グライ psG	psG		
	グライポドゾル PG	PG		
泥炭土 Pt	泥炭土 Pt	Pt		
	黒泥土 Mc	Mc		
	泥炭ポドゾル Pp	Pp		
未熟土 Im	受蝕土 Er	Er		Er-α, Er-β
	未熟土 Im	Im		Im-g, Im-s, Im-cl

Quelle: （独）森林総合研究所 (Forestry and Forest Products Research Institute (FFPRI) (2006): 林野土壌分類1975 [Bodenklassifikationssystem]. <http://ss.ffpri.affrc.go.jp/labs/fsinvent/soiltype.html> (Zugriff:2008-01-02).